BEI GRIN MACHT SICH IHR WISSEN BEZAHLT

- Wir veröffentlichen Ihre Hausarbeit, Bachelor- und Masterarbeit

- Ihr eigenes eBook und Buch - weltweit in allen wichtigen Shops

- Verdienen Sie an jedem Verkauf

Jetzt bei www.GRIN.com hochladen und kostenlos publizieren

Bibliografische Information der Deutschen Nationalbibliothek:

Die Deutsche Bibliothek verzeichnet diese Publikation in der Deutschen National-
bibliografie; detaillierte bibliografische Daten sind im Internet über http://dnb.d-
nb.de/ abrufbar.

Impressum:

Copyright © 2008 GRIN Verlag, Open Publishing GmbH
Druck und Bindung: Books on Demand GmbH, Norderstedt Germany
ISBN: 978-3-668-14597-9

Dieses Buch bei GRIN:

http://www.grin.com/de/e-book/128432/sachanalyse-des-unterrichtsthemas-touris-
mus-auf-mallorca

André Schuhmann

Sachanalyse des Unterrichtsthemas Tourismus auf Mallorca

GRIN Verlag

Geographisches Institut

Ruhr-Universität Bochum

Lehrstuhl für Geographiedidaktik

Seminar: Theorie und Praxis der Geographiedidaktik

WS 07/08

Sachanalyse des Unterrichtsthemas
„Tourismus auf Mallorca"

Gliederung

1. Einordnung des Themas in den Lehrplan

Die Thematik „Tourismus" ist im Lehrplan des Landes NRW sowohl in der Jahrgangsstufe fünf als auch in der Jahrgangsstufe neun vorgesehen, und zwar innerhalb des Themenfeldes IV „Freizeitgestaltung in Nah- und Fernerholungsräumen". Primär steht das Themenfeld über dem Einzelthema b) „Touristen bringen Geld und belasten die Umwelt". Als thematische Schwerpunkte werden im Lehrplan folgende Aspekte benannt: Neben den physiognomischen und sozioökonomischen Veränderungen in einer Gemeinschaft durch den Fremdenverkehr, soll auch die Überlastung von Verkehrswegen und Zielgebieten sowie die anzustrebende Verringerung von Landschaftsschäden durch den Naturschutz und sanften Tourismus behandelt werden. Als Beispielsequenz wird die Veränderung der Costa Brava durch den Massentourismus unter dem Leitsatz „Beton statt Natur" genannt. Die Legitimation für den Einsatz im Unterricht erhält das Raumbeispiel „Mallorca" aufgrund der Exemplarität der Entwicklung und der Auswirkungen des Tourismus (vgl. MINISTERIUM FÜR SCHULE UND WEITERBILDUNG DES LANDES NRW 1995).

2. Ziel der Unterrichtseinheit

Durch die Unterrichtseinheit „Tourismus auf Mallorca" sollen die Schülerinnen und Schüler verstehen, dass das zunehmende Bedürfnis nach Freizeitgestaltung die Ursache für die verschiedenartige Nutzung von Räumen ist und die positiven Folgen für die Nutznießer gegen die negativen Konsequenzen für das Ökosystem abgewogen werden müssen. Unabdingbare Voraussetzung für diese Kompetenz ist das Erkennen des Raumnutzungskonflikts zwischen den verschiedenen Akteuren (vgl. MINISTERIUM FÜR SCHULE UND WEITERBILDUNG DES LANDES NRW 1995).

3. Die Vorstellung des Raumes

a) Lokalisierung

Die Insel Mallorca gehört zur Inselgruppe der **Balearen** und liegt im **westlichen Mittelmeer**. Die Entfernung Mallorcas zum spanischen Festland beträgt ca. 190 km, zu den Nachbarinseln Ibiza und Formentera 80 km und zu Menorca knapp 40 km.

Mit einer Fläche von 3640 km^2 ist Mallorca die größte der fünf Balearenhauptinseln und damit rund fünf mal so groß wie die Hansestadt Hamburg. Politisch ist die Insel Spanien zuzuordnen. Heute liegt die Bevölkerungszahl[1] Mallorcas bei ca. 750.000 Menschen. Damit entspricht die Einwohnerzahl der Insel in etwa der der Stadt Frankfurt am Main. Die Bevölkerungsdichte wird in der Literatur mit rund 220 Einwohnern pro km^2 angegeben. Die größte Stadt Mallorcas ist die **Hauptstadt Palma de Mallorca**, in der mit 380 000 Menschen fast die Hälfte der gesamten Inselbevölkerung lebt (vgl. WDR KÖLN 2006).

b) Entstehung der Insel

Im Gegensatz zu anderen Inselgruppen, wie beispielsweise den Kanaren, ist Mallorca nicht vulkanischen Ursprungs. Vor rund 200 Millionen Jahren brach der Superkontinent Pangaea auseinander, was zu der uns heute bekannten Verteilung der Kontinente führte (ZEPP 2004) Vor ca. 100 Millionen Jahren begann die **Subduktion** der afrikanischen unter die eurasische Kontinentalplatte. In Folge dessen kam es zu einer starken **Auffaltung** und damit verbunden zu einer massiven Emporhebung (vgl. RADLOFF 2005a). Mallorca und die anderen balearischen Inseln sind also, ebenso wie die Alpen und andere Gebirge das Produkt der alpidischen Orogenese.

c) Geomorphologie und Böden

Mallorca lässt sich in **drei große Landschaftsteile** gliedern: Zum einen den Nordwesten mit der **Serra de Tramuntana**, einem jungen Faltengebirge alpinen Typs (vgl. SCHMITT 1999), welches seine maximale Höhe von 1445 m über NN mit dem Puig Mayor erreicht (vgl. RADLOFF 2005b). Das Gebirge verläuft parallel zur

---

[1] Unter Bevölkerung wird hier nur die „de jure"-Bevölkerung verstanden; Alterswohnsitze ausländischer Menschen werden also in dieser Zahl nicht berücksichtigt.

Nordwestküste und fällt zum Meer mit 300-500m hohen **Kliffen** außerordentlich steil ab (vgl. RADLOFF 2005b). Die Serra de Tramuntana kann als ein steiles und schroffes Gebirge bezeichnet werden, welches mit mehr als zehn Gipfeln oberhalb der 1000m Marke die höchsten Erhebungen der Balearen beherbergt (HOFFMANN 2007a). Aufgrund seiner Geologie, das Gebirge besteht überwiegend aus Kalkstein und Dolomit, zeigt die Serra de Tramuntana einen großen **Karstformenschatz**: So sind neben diversen Dolinentypen auch Höhlen und eine generell geringe Ausstattung an oberirdischen Fließgewässern zu beobachten (vgl. STRAHLER et al. 2002).

Im Osten an die Serra de Tramuntana schließt sich mit der „**Es pla**" (auch „Llanura del centro" genannt) eine nahezu ebene Landschaft an (vgl. RADLOFF 2005b), die im Gegensatz zur Serra de Tramuntana nicht aus Kalkstein und Dolomit besteht und somit keinen Karstformenschatz aufweist. Tiefergehende geologische Spezifizierungen sollen an dieser Stelle nicht geliefert werden, können aber bei SCHMITT nachgelesen werden (vgl. SCHMITT 1999).

Im Nordosten der Insel befindet sich die dritte prägende Landschaftseinheit, die **Serra de Levant**. Hierbei handelt es sich um eine mäßig reliefierte Mittelgebirgslandschaft mit durchschnittlichen Höhen zwischen 400 und 500m über NN. Im Gegensatz zur Serra de Tramuntana weist die Serra de Levant also deutlich geringere Höhen, sowie eine geringere Schroffheit auf (vgl. SCHMITT 1999).

Die Böden Mallorcas sind als Verwitterungsprodukt der anstehenden Gesteine, also maßgeblich Kalksandstein und Dolomit, anzusehen. Durch die vorherrschenden hohen Temperaturen und die relativ hohen Niederschlagssummen in den Wintermonaten [vgl. Kapitel 3a)] konnten sich die Böden Mallorcas gut entwickeln: So bildeten sich repräsentativ für den gesamten Mittelmeerraum hauptsächlich rote und braune mediterrane Böden aus, von „denen vor allem der rote mediterrane Boden, die terra rossa, auf Mallorca vorkommt" (RADLOFF 2005c). Charakteristika dieses **Bodentyps** sind seine rote Färbung, die auf den hohen Gehalt an Eisenoxiden (Hämatit) zurückzuführen ist, sowie seine Nährstoffarmut. Letzteres liegt primär an dem nur schwach ausgeprägten, nicht sehr humosen, A-Horizont (vgl. ZECH & HINTERMAIER-ERHARD 2002).

d) Klima

Aufgrund seiner Breitenlage herrscht auf Mallorca ein typisch **mediterraner Klimacharakter,** mit einer jährlichen Durchschnittstemperatur von 15,8 Grad (für die Klimastation Palma de Mallorca), vor (vgl. MÜHR 2007). Das Klima zeichnet sich durch eine außerordentliche **Sommertrockenheit** und milde, feuchte Herbst- und Wintermonate aus. Es handelt es sich hier also um ein **Winterregenklimat** (vgl. KLETT SCHULBUCHVERLAG 1993). Das jährliche Niederschlagsregime zeigt ein Maximum, also den Zeitpunkt höchster Niederschlagssummen) im Herbst (insbesondere im Monat Oktober). „Die während dieser Jahreszeit meist als Starkregen und überwiegend [konzentriert] auf wenige Tage (5-6 Tage) fallenden Niederschläge können eine Variabilität von 25% besitzen" (SCHMITT 1999). Die Ursache der herbstlichen **Starkregenereignisse** wird maßgeblich durch meridionale Kaltlufteinbrüche aus dem Norden hervorgerufen. Sowohl Starkregenereignisse, als auch die hohe Variabilität der Niederschläge sind typische Merkmale des mediterranen Klimas (vgl. SCHMITT 1999). Über die Wintermonate bis hin zu den Sommermonaten nehmen die Niederschlagssummen stark ab und führen zu einer hochsommerlichen **Dürreperiode** von Mitte Juli bis in die zweite Augustdekade (vgl. SCHMITT 1999). Jedoch ist Mallorca bis Mitte Juli noch kurzen und im Vergleich zum Herbst weniger starken Kaltlufteinbrüchen, bedingt durch Frontenausläufer aus West- und Mitteleuropa, ausgesetzt (vgl. SCHMITT 1999).

Neben den jährlichen Variabilitäten erfährt das mallorquinische Klima eine orographische Überprägung. Die bereits unter 3c) beschriebene Serra de Tramuntana erzeugt durch ihre südwest-nordöstliche-Ausrichtung für die kalten und feuchten Luftmassen aus dem Norden eine Barriere, wodurch die Luftmassen zum Aufsteigen gezwungen werden und sich an der Nordseite des Gebirges, der Luvseite, abregnen (**Steigungsregen**). Im zentralen Teil der Serra de Tramuntana werden so mit 1200mm Niederschlag die höchsten jährlichen Niederschlagssummen erzielt. „Im Lee des Gebirgskammes sinken die niederschlagswerte rasch und deutlich ab und liegen an der Süd- und Südostküste bei etwa 300mm" (SCHMITT 1999).

Die thermische Gliederung Mallorcas folgt, ebenso wie die bereits geschilderte hygrische Gliederung, der Orographie: So liegen im Flachland die Jahresmitteltemperaturen zwischen 16-18°C. Entsprechend dem adiabatischen Temperaturgradienten nimmt die Temperatur mit zunehmender Höhenlage in den Gebirgen bis auf 12°C ab. **Frostereignisse** treten in der Regel erst ab einer Höhe von rund 500m über NN auf, wobei Küstenregionen aufgrund des maritimen Einflusses über den Messzeitraum von 1960 bis heute gänzlich frostfrei sind und die mittlere Monatstemperatur im kältesten Monat bei 10°C liegt. Dem entgegengesetzt sind die Fröste in den Gebirgsregionen, die von November bis April mit absoluten Minima von -10°C auftreten können (vgl. SCHMITT 1999).

e) Vegetation

Mallorca zeichnet sich mit rund 1500 Arten durch einen besonders hohen **Artenreichtum** aus (HOFFMANN 2007b). Als charakteristische Arten lassen sich Steineichen (*Quercus ilex*), wilde Ölbäume (*Olea europaea*), Johannisbrotbäume (*Ceratonia siliqua*), Aleppokiefern (*Pinus halepensis*), Oliven- und Feigenbäume, sowie die über 100 verschiedene Orchideenarten benennen. Endemiten treten auf Mallorca nur in begrenzter Anzahl auf, was mit der relativ geringen Entfernung zum spanischen Festland begründet werden kann (vgl. SCHMITT 1999).

Die Vegetation kann als Indikator für die zuvor beschriebenen edaphischen und klimatischen Bedingungen angesehen werden, was zu einer Ausdifferenzierung **bioklimatischer Höhenstufen** führt. So differieren die Vegetationseinheiten in Abhängigkeit ihrer dreidimensionalen Lage (also sowohl der räumlichen als auch der Höhenlage) teilweise beträchtlich. Eine detaillierte Beschreibung der Höhenstufen soll an dieser Stelle nicht gegeben werden, kann aber bei SCHMITT nachgelesen werden (vgl. SCHMITT 1999).
Mallorcas Vegetation unterlag seit historischer Zeit mannigfaltigen **anthropogenen Veränderungen**, was dazu führte, dass man heute in einigen Arealen der Insel anthropo-zoogene Ersatzgesellschaften vorfinden kann (vgl. SCHMITT 1999).

4. Definition Tourismus

Eine genaue Begriffsbestimmung des **Tourismus** ist schwierig, da „das Phänomen
„Reisen" enorm vielgestaltig ist." Jedoch lassen sich nach STEINECKE drei zentrale
Merkmale des Tourismus herausstellen (vgl. STEINECKE 2006):

1. Tourismus ist mit einem Wechsel vom Wohnort zum Zielort verbunden und mit
   der anschließenden Rückkehr zum Wohnort.
2. Tourismus ist zeitlich begrenzt. Als zeitliche Obergrenze des Aufenthalts gelten
   üblicherweise zwölf Monate wobei die Mindestdauer umstritten ist (auch
   Ausflüge und Übernachtungen werden häufig als Tagestourismus bezeichnet).
3. Tourismus ist nicht mit einer dauerhaften beruflichen Tätigkeit in einer
   Arbeitsstätte verbunden. Touristen sind vorrangig Konsumenten und nicht
   Produzenten (dies gilt auch für Geschäftsreisende).

5. Historische Entwicklung des Tourismus auf Mallorca

Die **Anfänge des Tourismus** auf der Insel Mallorca gehen bis ins frühe neunzehnte
Jahrhundert zurück. Als erste Wegbereiter des Tourismus auf der Baleareninsel gelten
in der Literatur der polnische Komponist Frédéric Chopin, sowie die französische
Schriftstellerin George Sand, welche gemeinsam den Winter 1838/1839 auf Mallorca
verbrachten. Als Wohnort diente ihnen die ehemalige Kartause (ein Klosterkomplex) in
dem Ort Valldemosa im Westen der Insel (vgl. BAEDEKER 1991).

Im Laufe des neunzehnten Jahrhunderts folgten etliche Adelige und andere
wohlhabende Europäer dem Beispiel Chopins und Sands und verbrachten jeweils
mehrere Wintermonate auf Mallorca. Gemeinsam war den ersten „Touristen" vor allem
ihre hohe gesellschaftliche Stellung, welche ihnen eine solche lange und kostspielige
Reise erst ermöglichte, sowie der Wunsch den kalten mittel- und nordeuropäischen
Wintermonaten entfliehen zu wollen (HB 2000).

Damit gleichen die Anfänge des Tourismus auf der Insel Mallorca weitestgehend dem
Beginn des Tourismus in Europa im Allgemeinen. Vor allem mittel- und
nordeuropäische Adelige und Pensionäre suchten im neunzehnten Jahrhundert
Alternativen, um den kalten Wintermonaten in ihren Ländern zu entfliehen. Im
Mittelpunkt dieser Reiselust stand vor allem der Mittelmeerraum. Parallelen zum

Beispiel Mallorca weist, unter anderem, die Geschichte des Tourismus der Kanarischen Inseln auf. Diese frühe Form des Tourismus ist jedoch nicht mit der uns heute bekannten Form des Tourismus vergleichbar. Es gab weder Hotels, noch lag es im Interesse der „Touristen", Strand- und Badeurlaub zu machen. Vielmehr war es die Neugier etwas Neues zu entdecken, das angenehme Klima der Herbst- und Wintermonate sowie die Möglichkeit seinen „Arbeitsplatz" für einige Monate in wärmere Gegenden Europas zu verlagern (vgl. KAGERMEIER 2002; BAEDEKER 1991).

Im Jahre 1905 wurde der mallorquinische Fremdenverkehrsverband „Formento de Turismo" gegründet und ist somit einer der ältesten weltweit. In diese Zeit fiel auch der Baubeginn der ersten Hotels auf der Insel. Bereits in den zwanziger Jahren des zwanzigsten Jahrhunderts verfügte Mallorca über mehr als 3000 Fremdenbetten. Zudem ließen sich die ersten ausländischen Residenten auf der Insel nieder (vgl. DuMONT 2006).

Wie in ganz Europa markiert der Zweite Weltkrieg eine Zäsur in der Entwicklung des Tourismus. So auch auf Mallorca, wo zuerst der spanische Bürgerkrieg (1936-1939) für ein Ausbleiben der Besucher sorgte und der anschließende Zweite Weltkrieg (1939 – 1945) den Tourismus in ganz Europa gänzlich zum Erliegen brachte. Zwar war die Insel sowohl vom spanischen Bürgerkrieg als auch vom Zweiten Weltkrieg nur indirekt betroffen und trug so nur geringfügige Zerstörungen davon, jedoch geriet Mallorca in große wirtschaftliche Schwierigkeiten (BAEDEKER 1991; DuMONT 2006).

Zu Beginn der fünfziger Jahre setzte der **Massentourismus** auf der Baleareninsel ein. Bedingt durch die „Wiederbelebung" der europäischen Wirtschaft und dem damit verbundenen Wohlstand für immer größere Bevölkerungskreise wurden Urlaubsreisen erschwinglich. Vor allem in der Bundesrepublik Deutschland führt das „Wirtschaftswunder" zum Wohlstand weiter Bevölkerungsschichten und damit zu einer großen Reiselust (vgl. KAGERMEIER 2002; STEINECKE 2006).

Das Verhalten der Reisenden hatte sich jedoch drastisch verschoben. Nicht mehr die Herbst- und Wintermonate waren für die Urlauber interessant, sondern der Sommerurlaub unter den Schlagwörtern **„Sonne, Strand und Meer"** wurde verlangt (KAGERMEIER 2002). Waren in den frühen fünfziger Jahren noch vor allem Reiseziele die mit dem Auto und der Eisenbahn erreicht werden konnten, wie z.B. Norditalien oder die spanische Festlandküste, für die nord- und mitteleuropäischen „Wohlstandsmassen" der Industriestaaten interessant, wurden in den folgenden Jahren durch den sich rasant entwickelnden Flugverkehr auch Reiseziele wie die Insel Mallorca für Urlauber erschwinglich. Bereits im Jahr 1950 wurden auf Mallorca 98.000 Sommerurlauber registriert, 1960 waren es schon 400.000. Einen ersten Höhepunkt erreichte der Tourismus auf der Baleareninsel im Jahre 1973 mit ca. drei Millionen Besuchern darunter vor allem Briten und Deutsche, gefolgt von Spaniern und Franzosen. Zu dieser Zeit war der Tourismus längst zur wichtigsten Einnahmequelle der Insel geworden. Vor allem im Süd-Westen, rund um die Hauptstadt Palma, sowie im Süd-Osten und Nord-Osten der Insel entstanden Ferienorte mit unzähligen Hotelkomplexen. Der Nord-Westen Mallorcas blieb aufgrund seines schroffen Reliefs [siehe auch Kapitel 3c)] noch lange Zeit unberührt (vgl. STEINECKE 2006; BAEDEKER 1991; SCHMITT 1999).

Durch die Ölkrise der siebziger Jahre verringerte sich die Urlauberzahl Mallorcas drastisch und stürzte die Insel in eine Wirtschaftskrise, die jedoch nur kurz andauerte. Zu Beginn der achtziger Jahre setzte ein erneuter **Tourismusboom** auf der Insel ein. In den Folgejahren führte die Aufwertung der Spanischen Währung und eine steigende Inflation in den Herkunftsländern jedoch erneut zu einem jähen Ende dieses Booms. Neue Reiseziele (auch Fernreiseziele: z.B. Dominikanische Republik) wie die Türkei oder Nordafrika wurden starke Konkurrenten der etablierten Reiseziele, wie Mallorca. Damit spiegelt die Entwicklung des Tourismus auf Mallorca in dieser Zeit auch die Entwicklung des Tourismus in Europa im Allgemeinen wieder (vgl. STEINECKE 2006).

Auf diese Entwicklung und den erneuten drastischen Sturz der Wirtschaftsbilanz folgte ein erstes Umdenken der Politik auf Mallorca. Obwohl es bereits 1980 erste Bestrebungen von Interessenverbänden zum Schutz der Umwelt und gegen eine fortschreitende Zersiedlung der Landschaft durch immer neue Hotels gab, war es erst jetzt der politische Wille den Massentourismus zu begrenzen und alternative, gehobene Formen des Tourismus zu etablieren. Allerdings bleib die Insel weiterhin Ziel von „Touristenmassen". Im Jahr 1997 zählte die Insel etwa 6,5 Millionen Feriengäste, ein Jahr später bereits fast sieben Millionen, was bedeutet, dass auf dem einzigen internationalen Flughafen der Insel, dem Flughafen von Palma (größter Charterflughafen Europas) zu Spitzenzeiten täglich über 100.000 Passagiere abgefertigt wurden. Neben den traditionellen „Massentouristen", die meist nur für wenige Wochen auf der Insel bleiben und sich in den Hotels der Küstenorte aufhielten etablierte sich Mallorca seit den späten achtziger Jahren auch immer stärker als Standort von Ferienwohnsitzen und Zweitwohnungen von Ausländern, also dem so genannten **Residenztourismus** (vgl. STEINECKE 2006; SCHMITT 1999).

Im Jahr 2005 lag die jährliche Anzahl von Touristen auf der Insel bei über 8 Millionen, Tendenz weiter steigend (URBACH 2005). Durch den Tourismus, der ca. 80 Prozent der Wirtschaftsleistung Mallorcas ausmacht, zählt Mallorca seit Mitte der neunziger Jahre zu den wohlhabendsten Regionen Spaniens (SCHMITT 2001). Der Großteil der Urlauber auf der Insel kommt heute aus Deutschland (39 %) und Großbritannien (28 %) (vgl. KLETT 2005).

6. Auswirkungen und Folgen des Massentourismus

Die moderne Form des Massentourismus auf der Baleareninsel Mallorca brachte zahlreiche positive wie auch negative Folgen mit sich und betraf Umwelt und Einwohner gleichermaßen. So gilt Mallorca als „Synonym für alle Auswüchse des modernen Massentourismus" (SCHMITT 1999). Der **sozioökonomische Strukturwandel**, welcher sich in den letzten 60 Jahren auf der Insel im Speziellen und im gesamten Mittelmeerraum im Allgemeinen vollzog, führte zu einer Konzentration von Nutzungsansprüchen mit weitreichenden wirtschaftlichen und ökologischen Veränderungen.

Als positive Folgen des Massentourismus lassen sich vor allem **wirtschaftliche Aspekte** anführen. Durch den Tourismus entwickelte sich die strukturschwache Region der Balearen innerhalb von nur fünfzig Jahren zu einer der reichsten Regionen Spaniens. Es entstanden unzählige neue **Arbeitsplätze im Tourismus** und den davon abhängigen Wirtschaftszweigen, vor allem im **Dienstleistungssektor**. Von diesen Arbeitsplätzen profitierten vor allem ärmere Bevölkerungsschichten sowie die Küstengebiete der Insel, welche vor dem Beginn des Massentourismus lediglich als periphere Wirtschaftsräume fungierten. Der **Lebensstandard** der einheimischen Bevölkerung im Allgemeinen stieg und der traditionelle Gegensatz zwischen einer kleinen Oberschicht und einer zahlenmäßig großen ländlichen Unterschicht wurde nivelliert. Zudem konnte durch die Milliardeneinnahmen aus dem Tourismus die Infrastruktur der Insel enorm ausgebaut werden. Nicht nur eine Verbesserung der Verkehrswege sondern vor allem **Investitionen** in Bildung, Kultur und Soziales kamen und kommen bis heute der Bevölkerung zugute (vgl. SCHMITT 1999; STEINECKE 2006).

Dem gegenüber stehen die erheblichen negativen Folgen des Massentourismus, denen die mallorquinische Politik in jüngster Zeit entgegenzusteuern versucht (siehe auch nächstes Kapitel). Denn durch die, lange Zeit planlos verlaufende,

Tourismusentwicklung und den unkontrollierten Ausbau touristischer Infrastruktur multiplizierten sich viele der nachfolgend genannten Probleme noch.

In wirtschaftlicher Hinsicht bringt der Massentourismus zwar hohe Einnahmen, jedoch müssen für den Import von Waren für den Bedarf der Touristen ebenfalls hohe Summen aufgewendet werden. Die durch den Tourismus entstandenen Arbeitsplätze sind, insbesondere in Bezug auf den Massentourismus, fast ausschließlich **saisonale Arbeitsplätze** (vgl. BEADEKER 1991).

Die **monostrukturierte** und **tertiärisierte Wirtschaft** führt zu einer hohen Abhängigkeit Mallorcas von den Touristen und vor allem zu einer Abhängigkeit von multinationalen Touristikkonzernen, also zu einer Abhängigkeit von ausländischem Kapital im Allgemeinen. Ein Ausbleiben der Besucher, allein aus dem Hauptquellland Deutschland hätte katastrophale Folgen für die Wirtschaft der Insel. Die traditionellen Wirtschaftszweige Landwirtschaft und Fischerei sind heute nur noch marginale Größen in der mallorquinischen Wirtschaftsbilanz (STEINECKE 2006).

Des Weiteren hat das ungebremste Wachstum des Tourismus auf Mallorca auch zu einer **Krise der kulturellen Identität** geführt. Nicht wenige Mallorquiner sehen ihre Insel heute als „überfremdet" an, da in einigen Inselteilen heute bereits der Anteil der ausländischen Residenten den der einheimischen Bevölkerung übersteigt. Zudem fürchten viele Einheimische den Ausverkauf ihrer Heimat an ausländische Investoren. Heute sind bereits 20 % der Inselfläche in ausländischem Besitz (SCHMITT 2001). Ein sehr wichtiger, jedoch nicht in Zahlen zu fassender, negativer Faktor des Massentourismus ist das negative Image, welches dieser für die Insel bringt. Besonders zu den Hochzeiten des reinen Massentourismus in den siebziger und achtziger Jahren, aber zum Teil auch noch bis heute hat sich in den Köpfen vieler Deutscher das Bild der „Putzfraueninsel", der „Sauftouristen am Ballermann" oder des „siebzehnten deutschen Bundeslandes" festgesetzt (SCHWEDE 1999).

In Bezug auf die **Umwelt** der Baleareninsel hat der Tourismus ausschließlich **negative Folgen** mit sich gebracht. Durch den Massentourismus wurden große Küstenabschnitte zersiedelt und der Boden versiegelt. Die in den achtziger Jahren populär werdenden Ferienwohnanlagen trugen ihr Übriges zu dem enormen **Flächenverbrauch** des Tourismus bei. Der Begriff der **„Balearisierung"** wurde zu einem Synonym für die exzessive Bebauung von Küstenstreifen (KAGERMEIER 2002). Verkehrsinfrastrukturmaßnahmen wie der Ausbau des Flughafens oder der Schnellstraßen verbrauchten zusätzliche Flächen und das hohe Verkehrsaufkommen durch die Touristen trug zur **Umweltverschmutzung** bei. Insbesondere der quantitative[2] und qualitative Verbrauch der Ressource Wasser, das hohe Abfallaufkommen, sowie Lärm-, und Abgasemissionen können als ökologische Konsequenzen benannt werden. Durch den **hohen Wasserverbrauch** der Gäste kommt es in der ohnehin wasserarmen Region zu einem **Nutzungskonflikt** zwischen der Landwirtschaft und dem Tourismus (vgl. STEINECKE 2006; SCHMITT 1999 und 2001).

Die divergierende Wirtschaftsentwicklung zwischen der heute vom Tourismus geprägten und wachstumsorientierten Küste und dem traditionell agrarisch strukturierten Binnenland erzeugt regionale Disparitäten sowohl in Bezug auf die Wirtschaftsleistung, als auch in Bezug auf die ökologischen Folgen. In beiden Fällen sind vor allem die Küsten betroffen. Dadurch verlor die Insel in diesen Gebieten oftmals ihr wichtigstes **Kapital**, nämlich die mediterrano und unberührte **Naturlandschaft** (vgl. SCHMITT 1999).

Durch eine immer größere Anzahl ausländischer Gäste, die seit den achtziger Jahren auf Mallorca ihren Zweitwohnsitz einrichten, kommt es außerdem zu einer **Übervölkerung** der Insel mit den dazugehörigen (oben erwähnten) Folgen. Während sich die problematischen Auswirkungen des Tourismus bis zur Mitte der neunziger Jahre jedoch ausschließlich auf die Küstenabschnitte der Insel bezogen, hat sich diese Problematik durch die heutige Situation des Tourismus auf Mallorca jedoch verändert.

7. Die heutige Situation des Tourismus auf Mallorca

Erste Überlegungen über einen Wechsel der seit den 50er Jahren etablierten Tourismusstrategie der Insel, betrafen bereits in den frühen 80er Jahren die Politik Mallorcas. Vor allem die immer augenscheinlicher wordenden ökologischen Folgen des uneingeschränkten Touristenbooms und ein verstärktes ökologisches Bewusstsein der Bevölkerung führten dazu, dass zum Beginn der neunziger Jahre erste Schritte unternommen wurden um den negativen Auswirkungen des Massentourismus Einhalt zu gebieten (SCHMITT 2001). Die Tatsache, dass die fortwährende Zerstörung der Umweltqualität de facto gleichbedeutend war mit der Zerstörung der touristischen Qualität, wurde mehr und mehr deutlich. Der Bau neuer Hotels wurde nur erlaubt, wenn die Anzahl der Hotelbetten inselweit gleich blieb, also alte Hotels abgerissen

---

[2] Ein Tourist verbraucht im Schnitt über 250 Liter Wasser pro Tag während ein Einheimischer weit weniger als 100 Liter verbraucht (SCHMITT 2007).

wurden. Zudem wurde vermehrt in eine **qualitative Verbesserung** der touristischen Infrastruktur investiert. Dazu zählte unter anderem der Umbau, die Auflockerung und Sanierung touristisch erschlossener Zonen, die Regenerierung und der Schutz der Umwelt sowie die Verbesserung der allgemeinen Lebensbedingungen insbesondere in den Touristenorten. Des Weiteren die Ausweisung von Naturschutzgebieten, sowie die Sanierung und Verbesserung der bestehenden Wasserversorgungssysteme und Maßnahmen zum Schutz der Umwelt, beispielsweise durch Abfallrecycling, unter anderem mit Hilfe einer im Jahre 2002 eingeführten **Ökosteuer**, welche allerdings aufgrund von heftigen Protesten im Jahr 2003 wieder abgeschafft wurde (vgl. SCHWEDE 1999; SCHMITT 2007).

Dies alles war notwendig geworden, da die bestehende touristische Infrastruktur, die vornehmlich noch aus den 50er und 60er Jahren stammte, seine Reifephase bereits erreicht hatte und in keiner Weise mehr den Ansprüchen der Gäste genügte. Zudem erforderte der immer größer werdende **Konkurrenzdruck** durch andere Ferienziele, vor allem in Europa und Nordafrika (Türkei, Bulgarien, Tunesien, Marokko), aber auch im weiter entfernten Ausland (Karibik, Indischer Ozean) stärkere Anstrengungen um die wirtschaftliche Prosperität der Insel nicht zu gefährden (vgl. KAGERMEIER 2002). In diesem Zusammenhang verfolgt die Insel Mallorca seit den 90er Jahren die Strategie der **Angebotsdifferenzierung,** um sich so durch bestimmte Alleinstellungsmerkmale von der Konkurrenz abzugrenzen. Diese Maßnahme steht unter dem Leitmotiv des „**Qualitätstourismus**", welcher zu einer intensiveren Nutzung des Inselinneren und zur Belebung der Vor- und Nebensaison, sowie zu einer qualitativen Aufwertung des Fremdenverkehrsangebotes führen soll. Der Qualitätstourismus umfasst insbesondere den nautischen Tourismus, den Golftourismus, den Agrotourismus (Ferien auf dem Bauernhof) sowie den, bereits seit den 80er Jahren aufkeimenden Residenzialtourismus. Durch die Erneuerung und die größere Vielfalt des Urlaubsangebotes mit abwechselungsreichen Angeboten abseits des klassischen Badetourismus will der Qualitätstourismus eine räumlich und qualitative **Dezentralisierung des Tourismus** erreichen. Dies führte zum Neu- und Ausbau von Hafenanlagen für die private Freizeitschifffahrt, dem intensiv vorangetriebenen Bau von Golfplätzen und zu einem Bauboom von Ferienwohnungen und Zweitwohnsitzen vor allem im bisher wenig erschlossenen Küstenhinterland (vgl. STEINECKE 2006; SCHMITT 2000).
Die neue Urlaubsform des Qualitätstourismus stellt jedoch keine umweltverträgliche Alternative zur bisherigen Form des Tourismus auf der Insel dar, sondern steht, ganz im Gegenteil, vielfach konträr zu den Naturschutzvorhaben der Inselregierung auch

wenn diese Tourismusstrategie vielfach als landschaftsschonende Art des Fremdenverkehrs angepriesen wird. Für den Qualitätstourismus müssen neue Räume von noch hoher ökologischer Güte, sowohl im Inselinneren, als auch in den Küstenregionen erschlossen werden, um so Kapital aus der ökologischen Vielfalt der Insel schlagen zu können. Dies führt bis heute dazu, dass immer größere Teile der Insel für den Tourismus beansprucht werden. Die Strategie des Qualitätstourismus orientiert sich also nicht an der Umweltverträglichkeit der neuen Tourismusform, sondern allein an Prestige und Finanzkraft der potentiellen Nachfrager. Qualitätstourismus ist also vor allem teuer (vgl. SCHMITT 2007).

Der nautische Tourismus führt zu einer noch intensiveren Nutzung und damit Zerstörung des Meeres- und Küstenökosystems, verändert natürliche Strömungen und führt zur Erosion von Küsten. Durch den Golf- und **Residenzialtourismus** steigt der ohnehin hohe Flächenverbrauch drastisch an, wobei letztgenannter als die wohl aggressivste Tourismusform in Bezug auf Landschafts- und Naturschutzaspekte angesehen werden kann, da er inzwischen fast alle Inselteile betrifft, sich immer weiter in das Landschaftsbild „hineinfrisst" und bis heute nicht wirksam kontrolliert werden kann oder kontrolliert wird. Die Folge ist der Verlust des klassischen mallorquinischen **Landschaftsbildes** mit seinen Kiefernwäldern, Strauchheiden (Garrigue), Gebüschformationen (Macchie), traditionellen landwirtschaftlichen Nutzflächen und Steilküsten sowie der Vielfalt der Flora und Fauna (SCHMITT 1999 und 2007).

Vor allem der Golf- und Residenzialtourismus sind verantwortlich für den weiterhin stark ansteigenden Wasserverbrauch der Insel. Zwar ist die Landwirtschaft heute immer noch der am weitaus größte „Wasserverschwender", doch verbrauchen allein die Golfplätze der Insel pro Bewässerungstag fast 2000 Tonnen Wasser, was dem Wasserverbrauch einer Stadt mit 10.000 Einwohnern entspricht (STEINECKE 2006). Die Grundwasserentnahme Mallorcas stieg von 1989 bis 1999 um 23% mit immer weiter steigender Tendenz, auch hervorgerufen durch Pool- und Gartenanlagen. Dies hat das ökologische Gleichgewicht von Grundwasserneubildung und Grundwasserentnahme bereits jetzt empfindlich zerstört (SCHMITT 2007).

8. Resümee

Die am Anfang der neunziger Jahre unter dem Motto „Förderung eines Qualitätstourismus" begonnene Begrenzungspolitik zur Limitierung der Urlauberzahlen im Billigtourismus zugunsten qualitativ hochwertiger Fremdenverkehrsangebote führte bis heute weder zu einer quantitativen noch zu einer räumlichen Begrenzung der Besucherströme auf die Insel. Ganz im Gegenteil! Zum weiterhin existierenden Massentourismus hat sich heute der wirtschaftlich eher unerhebliche Qualitätstourismus gesellt (schätzungsweise <10% der Gesamteinnahmen am Tourismus) der die ökologischen Probleme Mallorcas noch drastisch verschärft hat. Die Fehler der massentouristischen Erschließung werden auf hohem Preis- und Prestigeniveau wiederholt, was das **Natur- und Erholungspotential Mallorcas akut gefährdet**. Damit bleibt festzuhalten, dass der „traditionelle" Massentourismus heute insgesamt „sehr viel höhere Einnahmen bei gleichzeitig sehr viel geringerem Landschaftsverbrauch erzielt" (vgl. SCHMITT 2007).

9. Weiterführende Literatur

DuMont Reise Verlag 2006: DuMont direkt. Mallorca. Ostfildern.

HB Verlags- und Vertriebs-Gesellschaft mbh 2000: HB Bildatlas Mallorca. Ostfildern.

HOFFMANN, Matthias [Hg.] 2007a: Tramuntana http://www.mallorcainfos.com/de/artikel/marlons-gedanken-ueber-mallorca-und-deutschland/serra-de-tramuntana-mit-seinen-beiden-trinkwasser-stauseen/ [18.12.2007]

HOFFMANN, Matthias [Hg.] 2007b: Klima, Flora, Fauna. http://www.mallorcainfos.com/de/artikel/mallorca-inside/mallorca-klima-flora-fauna/ [18.12.2007]

KAGERMEIER, Andreas 2002: Tourismus im Mittelmeerraum. In: Praxis Geographie 3/2002: 28-31.

KARL BAEDEKER GmbH 1991: Baedeker Allianz Reiseführer Mallorca. Stuttgart.

KLETT-Perthes Verlag GmbH 2005: Terra. Erdkunde 9. Gotha und Stuttgart.

KLETT SCHULBUCHVERLAG [Hg.] 1993: Alexander Weltatlas. Stuttgart.

MINISTERIUM FÜR SCHULE UND WEITERBILDUNG DES LANDES NRW [Hg.] 1995: Lehrplan des Faches Erdkunde für Gymnasien in NRW. Frechen.

MÜHR, Bernhard 2007: Klimadiagramm Palma de Mallorca. http://www.klimadiagramme.de/Europa/palma.html [18.12.2007]

RADLOFF, Jürgen 2005a: Entstehung Mallorcas. http://online-media.uni-marburg.de/biologie/botex/mallorca05/marc/entstehung.html [17.12.2007]

RADLOFF, Jürgen 2005b: Relief Mallorcas. http://online-media.uni-marburg.de/biologie/botex/mallorca05/marc/main.html [17.12.2007]

RADLOFF, Jürgen 2005c: Verbreitete Bodentypen. http://online-media.uni-marburg.de/biologie/botex/mallorca05/marc/main.html [18.12.2007]

SCHMITT, Thomas 1999: Ökologische Landschaftsanalyse und -bewertung in ausgewählten Raumeinheiten Mallorcas als Grundlage einer umweltverträglichen Tourismusentwicklung. Stuttgart.

SCHMITT, Thomas 2000: "Qualitätstourismus" – eine umweltverträgliche Alternative der touristischen Entwicklung auf Mallorca? Geographische Zeitschrift 88 (1): 53-65. Stuttgart.

SCHMITT, Thomas 2001: Naturschutz und Tourismus auf Mallorca im Interessenkonflikt. In: Freund, B. & Jahnke, H. [Hg.]: Der mediterrane Raum an der Schwelle des 21. Jahrhunderts. Berliner Geographische Arbeiten 91: 73-78.

SCHMITT, Thomas 2007: Qualitätstourismus auf Mallorca: „Ballermann" war besser. RUBIN: 20-27.

SCHWEDE, Dieter 1999: Mallorca. Reiseklassiker mit klassischen Problemen. In: Praxis Geographie 11/1999: 12-16.

STEINECKE, Albrecht 2006: Tourismus. Eine geographische Einführung. Braunschweig.

STRAHLER, Alan; et al. 2002: Physische Geographie. 2. Auflage. Stuttgart.

URBACH, Matthias 2005: Mallorca, ein Ritt.
http://www.taz.de/nc/1/archiv/archiv-start/?ressort=re&dig=2005%2F09%2F24%2Fa0043&cHash=d7d4b00ebc
[10.12.2007]

WDR KÖLN [Hg.] 2006: Tourismus auf Mallorca.
http://www.planet-wissen.de/pw/Artikel,,,,,,,E36BC2FE06DE16DBE0340003BA5E0905,,,,,,,,,,,,,,,html
[17.12.2007]

ZECH, Wolfgang; HINTERMAIER-ERHARD, Gerd 2002: Böden der Welt – Ein Bildatlas. Heidelberg.

ZEPP, Harald 2004: Geomorphologie. 3. Auflage. Paderborn.

BEI GRIN MACHT SICH IHR WISSEN BEZAHLT

- Wir veröffentlichen Ihre Hausarbeit,
  Bachelor- und Masterarbeit

- Ihr eigenes eBook und Buch -
  weltweit in allen wichtigen Shops

- Verdienen Sie an jedem Verkauf

Jetzt bei www.GRIN.com hochladen
und kostenlos publizieren